恋人美食

沈知味

编著

四川科学技术出版社

前言

　　相爱总是甜蜜和幸福的。而为心爱的人洗手作羹汤，更是温情和爱意无限。为心爱的人下厨房，亲手烹制一道道美味与恋人共享，是这世间最平凡深刻而又充满烟火味道的爱情。

　　厨房，是人世间最奇妙的地方，禾麦菽粟、鸡鸭鱼肉、蔬果菌藻、油盐酱醋，各式各样的食材，花样百出的调味料，经一双素手和各色技法，在水与火的变换中成为色香味俱全的美味，吸引着人食指大动、大快朵颐。

　　爱情是不带烟火气的，融入了生活的爱情是带着烟火气息的，柴米油盐、布帛菽粟、衣食住行，都给爱情平添了一份俗世的热闹。所谓爱情，就是俗世的两个人，穿越万千红尘，历经柴米油盐的平凡，给对方最长情的陪伴。厨房岁月，苦辣甘酸，如有人和你一起品味，那将会是生命中最美的回甘。如果有一个人，愿意为你将铅华都洗尽，洗手作羹汤，从今后陪你一起经历琐碎和平淡，人世间最真切的幸福莫过如此。

　　下厨，是一种乐趣；为爱下厨房，是甜美又温暖的乐趣；看着心爱的人大快朵颐，是一种别样的满足。从爱开始，享受美味，享受厨房。

沈知味

目 录

开胃小菜

Kaiwei xiaocai

前菜如同小情趣

有人说恋人之间的小情趣好比甜点，

我认为不妥贴。甜点有些甜腻，

对于小情趣来说，过于隆重。

情趣还是小的好，若有似无，生活才有品头。

小的时候，

老爸每晚都会备一些老妈炒的花生米，当作下酒菜。

炒花生可不简单，

花生得选小颗红衣的，油要不多不少，

恰好滴满每一粒花生。

不慌不忙，文火慢炒，直到花生衣变色，微微有些脱落。

出锅前撒一撮海盐，放凉再吃。

滋味究竟如何，喝酒之人一尝便知。

咪一口白酒，丢几颗花生米，

即便现在看来也是再美不过的情趣。

厚百叶小点包、麻酱秋葵，

夹几筷子小菜，聊一些家常，

悠闲自在，时间仿佛是不存在的。

又或者两个人在一起看球赛，

就着墨西哥沙拉配玉米片，喝上几罐啤酒。

生活和爱，全在正餐之前。

橄榄油浸蒜

原料

橄榄油..300 ml

蒜瓣...14 个

百里香...1 枝

迷迭香...1 枝

做法

❶ 蒜瓣去皮。

❷ 锅中倒橄榄油，将蒜瓣、百里香、迷迭香一起放入锅中，最小火煮 15 分钟，至蒜瓣变成黄色即可关火。

小贴士

1. 可以在沙拉、意面、烩饭、比萨中作为配菜，也可以作为开胃前菜直接吃。

2. 将做好的蒜连同油一起倒入玻璃罐中，密封储存可放置 2 个月，如果冷藏可以放 3 个月。

3. 等蒜吃完后把油拿来做菜，会有淡淡的蒜香和香料的气味。

桂花糯米红枣

原料

红枣 .... 120 g

糯米粉 .... 100 g

糖桂花 .... 2 大匙

做法

❶ 红枣洗净，在中间竖切一刀到枣核，再沿着枣核的左边和右边切一下，挖出枣核。

❷ 糯米粉中倒热水，用筷子搅成碎屑状，再和成面团。

❸ 取一小块面团，塞入红枣中，再捏紧。

❹ 锅中倒水，将做好的糯米红枣放入蒸格，大火蒸 15 分钟。

❺ 取出摆盘，淋上糖桂花即可。

小贴士

1. 如果取枣核困难，可以在切开口子后，用剪刀将枣核夹出。

2. 糯米粉要用热水和面才不容易散开。

3. 蒸糯米红枣比煮的口感更佳，也比较不容易散开。

厚百叶小点包

原料

厚百叶 .... 1 片

蘑菇酱 .... 1 大匙

牛肉酱 .... 1 大匙

芝麻酱 .... 1 大匙

牙签 .... 数根

做法

❶ 将厚百叶切成长宽各 4 cm 的小正方形，将牙签从中间剪成两段。

❷ 取少许蘑菇酱放在正方形的百叶中间，将百叶对角线的两个角叠在一起，用牙签插入将它固定住。

❸ 其余两款酱料也分别依此法操作即可。

小贴士

百叶，又叫百页、千张，传统豆制品，其薄如纸，色黄白，风味甚佳。可凉拌，可清炒，可煮食。

凉拌千张丝

原料

千张	2 张	羊角椒	15 g
红柿子椒	15 g	胡萝卜	15 g
生抽	1/2 大匙	白醋	1 大匙
鸡精	小匙	砂糖	1 大匙
盐	1 小匙	芝麻油	1 小匙

做法

❶ 千张对折卷起来，切成细丝；羊角椒和红柿子椒除去籽，切细丝；胡萝卜用刨子刨成细丝。

❷ 锅中烧热水，将千张细丝放入烫半分钟后捞出，入冷水泡一下，再捞出挤干；羊角椒和红柿子椒丝、胡萝卜丝也汆烫一下捞出备用。

❸ 大碗中放入千张丝和椒丝、胡萝卜丝，加入生抽、白醋、鸡精、砂糖、盐拌匀，最后淋上芝麻油即可。

小贴士

千张要挑薄的，厚的千张丝比较容易断。另外千张丝烫好过冷水后不用挤得太干，这样拌起来容易一些。

麻酱秋葵

原料

秋葵 .... 10 只

纯芝麻酱 .... 2 大匙

白砂糖 .... 2 小匙

生抽 .... 1 大匙

白醋 .... 1 小匙

鸡精 .... 1 小匙

盐 .... 1 小匙

做法

① 秋葵洗净，放入烧开水的锅中，煮 2 分钟至秋葵变鲜绿色关火。捞出放入冷水盆里浸一会儿。

② 碗中放纯芝麻酱、生抽、白砂糖、白醋、鸡精、盐和少许水，调匀。

③ 将秋葵放入碗中，浇上麻酱即可。

小贴士

秋葵煮之前不要切掉蒂，煮的时候可防止内部太软烂，也方便捏着蒂拿着吃。

墨西哥沙拉配玉米片

原料

三角形玉米片	1 袋	番茄	2 只
洋葱	1/4 只	青椒	1 根
香菜	3 棵	牛油果	1 只
橄榄油	1 大匙	柠檬汁	2 大匙
盐	适量	白醋	1 大匙

做法

① 番茄去蒂、去籽，切成长条，再切成小粒；青椒去蒂、去籽，切成小粒；洋葱切成小粒；香菜去根、去茎，切成末。

② 将番茄粒、青椒粒、洋葱粒、香菜末全部倒入大碗中，加 1 大匙柠檬汁、1 大匙白醋、1 大匙橄榄油、少许盐，搅拌均匀，腌制一会儿。

③ 牛油果用刀纵切一圈，扭开，用勺子将果肉挖出，加入 1 大匙柠檬汁、少许盐，挤压成泥。

④ 三角形玉米片配 ② 、③ 两种沙拉一起食用。

小贴士

1. 青椒要选长的、大的，且不太辣的。

2. 这里的玉米片不是早餐时泡牛奶吃的玉米片，它的英文是 nachos 或者 Tortilla chips，通常是墨西哥和美国产，在超市的进口食品柜台能买到，口味很多，要选择原味的。墨西哥沙拉配玉米片是经典小食。

柠檬煮南瓜

烹饪时间 20 分钟

原料

南瓜	250 g
柠檬片	2 片
鲜酱油	1 小匙
白葡萄酒	2 小匙
砂糖	2 小匙
盐	1/4 小匙

做法

❶ 南瓜去蒂、去籽，切成小块。

❷ 将鲜酱油、白葡萄酒、砂糖、盐混合，做成调味汁。

❸ 锅中放入清水，淹没过南瓜。煮沸后加入柠檬片，加盖，小火煮 15 分钟即可。

皮蛋豆腐

原料

内酯豆腐 ....1 盒

榨菜 .... 15 g

红油 ....1 大匙

盐 ....1 小匙

白砂糖 ....1/2 小匙

芝麻油 .... 少许

皮蛋 .... 1 只

香菜 ....少许

生抽 ....1 大匙

鸡精 ....1 小匙

温水 ....1 大匙

做法

❶ 皮蛋剥壳切细丁；榨菜用清水过两遍，再切成小丁。

❷ 将内酯豆腐倒扣在盘子里。

❸ 取一小碗，放入生抽、盐、鸡精、白砂糖和一大匙温水，搅匀成调味汁。

❹ 内酯豆腐竖着切块，依次铺上榨菜丁和皮蛋丁，浇上调味汁。

❺ 淋上红油、芝麻油，洒上香菜即可。

肉末卤蛋

原料

鸡蛋	5 只	肉末	80 g
大葱	1 根	花椒	2 小匙
八角	2 个	干辣椒	1 根
香叶	2 片	料酒	2 小匙
生抽	100 ml	老抽	50 ml
食用油	5 ml	清水	适量

做法

❶ 大葱只留葱白，切段；干辣椒切段；肉末加料酒拌匀，腌一会儿。

❷ 鸡蛋放入加清水的锅中，水开后，再煮 10 分钟关火。将鸡蛋放入冷水盆里浸一会儿，剥去壳。

❸ 取一只汤锅，放入葱段、花椒、干辣椒段、八角、香叶，倒入生抽、老抽和 200 ml 的清水，煮开。

❹ 将剥好的鸡蛋放入煮 5 分钟关火，再浸泡 10 分钟。期间不停转动鸡蛋，让它上色均匀。

❺ 平底锅倒食用油，烧热后放入肉末炒至肉末微微发干，再加入几大匙卤鸡蛋的汁水，炒一会儿，即可。

❻ 将卤好的鸡蛋切开，浇上肉末即可。

蒜泥白肉

原料

带皮五花肉..........................300 g	黄瓜 ....1 根
蒜瓣 ....8 个	生姜 ....1 块
生抽 ....1 大匙	鸡精 ....少许
盐 ....少许	辣椒油 ....1 大匙

做法

① 带皮五花肉洗净，放入锅中，加冷水没过肉；生姜切片，放入锅中；不盖锅盖，大火煮开后，转小火煮 30 分钟。取根筷子，如能顺利穿过肉，说明已熟。

② 肉捞出，泡冷水，再放入冰箱冷藏半小时，方便切。

③ 蒜瓣放入研钵中，捣烂成泥；取一只小碗，放入 1 大匙煮肉的汤，再放入生抽、蒜泥、盐和鸡精，搅拌成调味汁。

④ 将肉切成薄片，黄瓜用刨子刨成薄片，一起卷好放入盘中。淋上调味汁和辣椒油即可。

小贴士

蒜泥白肉好吃的秘诀是肉不能煮太过，肉片一定要切得薄。

香辣卤鸭肠

原料

鸭肠	200 g	大葱	1 根
生姜	半块	花椒	1 大匙
八角	2 个	干辣椒	2 根
香叶	3 片	料酒	2 大匙
鲜酱油	150 ml	香菜	少许
盐	适量	清水	适量

做法

❶ 大葱只留葱白，切段；生姜切片；干辣椒切段；鸭肠用盐仔细揉搓后，用清水冲洗干净，切成 4 cm 长的段。

❷ 鸭肠放入装清水的锅中，倒入料酒，水开后，再煮 10 分钟关火。将鸭肠放入冷水盆里冲洗干净。

❸ 取一只汤锅，放入葱段、姜片、花椒、干辣椒段、八角、香叶，倒入鲜酱油和 200 ml 的清水，加入鸭肠，煮开后再煮 5 分钟。

❹ 关火，浸泡 20 分钟后捞出鸭肠放凉。撒上香菜即可。

小贴士

如何清洗鸭肠：先用醋翻洗鸭肠内侧，去掉白色油脂，再用清水多次冲洗。滤去水分，在鸭肠上撒少许盐，反复揉搓，再用清水冲洗即可。

意式焗甜椒

原料

红彩椒	2 个	黄彩椒	2 个
番茄	2 个	洋葱	1 小个
蒜瓣	2 个	罗勒叶	6 大片
橄榄油	20 ml	盐	1/2 小匙

做法

❶ 番茄用开水烫过后剥去皮，去蒂，切成块；红、黄彩椒放入 200℃的烤箱，烤至出现焦痕，皮可以轻易剥掉的状态后从烤箱中取出，剥去皮，去蒂和籽，分别切成 2.5 cm 宽的长条。

❷ 洋葱切小丁，蒜瓣切末。不粘锅中放入橄榄油，小火，入洋葱丁翻炒 10 分钟，再加入蒜末，放入番茄块和红、黄彩椒条，加少许盐，炒至出汁。然后加一小碗水，盖上锅盖煨煮 15 分钟，期间不停翻动。

❸ 将罗勒叶撕碎，放入锅中同煮 5 分钟，即可关火。吃的时候淋少许橄榄油。

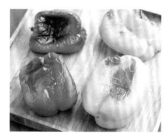  

小贴士

可以作为意大利面的浇头或者开胃前菜食用。

花样热菜

Huayang recai

过日子，起码要会炒青菜

我有一位堪称完美老婆的朋友，

她总是苦口婆心地跟我们这些还没有成家的人说，

难得在外吃几顿可以，要说温馨，还得是亲自下厨。

在外辛苦忙碌一天，回去连口热菜都吃不上，幸福是不完整的。

不常开火的家，算什么港湾呢？

无论男女，都得有几个拿得出手的大菜。

过日子，最不济，起码要会炒青菜。

炒青菜的标准：翠绿微甜。

素菜荤烧。炒青菜用猪油。

别怕，猪油很香，只要不是整罐吃下去，身体健康的人，

还是需要动物油来平衡身体的。

大火宽油，油多不坏菜。

先炒菜杆，再放菜叶，炒两三分钟，

小半杯冷水下去，立马盖上锅盖，再别打开。

要是开了再盖回去，菜就黄了。

焖一分钟，加盐调味。

等你学会把青菜炒好，就可以开始试着做做书里的菜。

不用担心，都是好吃又易做的。

两个人，一人主勺，一人搭手。

恋人们在哪儿，哪儿就是家，

就该是锅碗瓢盆敲起来，柴米油盐算起来，酸甜苦辣尝起来，

欢声笑语闹起来的地方！

奥尔良烤翅

烹饪时间 **25** 分钟

原料

鸡中翅	10 个	食用油	适量
奥尔良烧烤酱	适量	盐	1 小匙
蜂蜜	3 大匙	酱油	2 小匙
料酒	2 大匙	砂糖	1 小匙

做法

❶ 鸡中翅提前腌制：鸡中翅洗净，用刀在中间划一口子，入碗加盐、酱油、料酒、蜂蜜、砂糖腌制 6 小时。

❷ 烤盘中垫上锡纸，在鸡中翅两面刷上食用油。

❸ 烤箱预热到 220℃，鸡中翅入烤箱烤 10 分钟，至金黄色取出。两面刷上奥尔良烧烤酱，再烤 10 分钟即可。

小贴士

最好用新鲜鸡中翅，如果用冰冻鸡翅，解冻后需要先将一颗大蒜剁碎，加水调成大蒜水，再将其泡在里面 1 小时去除异味后再进行腌制的步骤。

豉椒炒花蛤

原料

花蛤	500 g	红尖椒	30 g
豆豉	15 g	姜片	2 片
蒜蓉	10 g	大葱	40 g
盐	1/2 小匙	白糖	1 小匙
老抽	1 小匙	鸡精	1/2 小匙
蚝油	2 小匙	料酒	1 小匙
食用油	15 ml	芝麻油	适量

做法

❶ 花蛤浸泡在清水里，水里撒少许盐和芝麻油，让花蛤吐沙，约半天；红尖椒去蒂、去籽后切小段；大葱切小段；豆豉用刀切碎。

❷ 在锅里加清水煮沸，下花蛤汆烫至花蛤壳微微张开，捞出沥干。

❸ 锅内放食用油烧热，小火爆香红尖椒段、碎豆豉、姜片、蒜蓉和葱段。

❹ 放入花蛤，调入盐、白糖、老抽、鸡精和蚝油，大火快炒均匀。盖上锅盖焖30秒。

❺ 最后淋入料酒，即可出锅。

小贴士

如何清洗花蛤：将花蛤冲洗干净，取一只小盆，抓一把花蛤放在盆内，颠盆子，使里面的花蛤上下颠动，死的花蛤便会被颠开口。重复数次，将开口的死蛤挑出。再在盆中加清水，没过蛤蜊。然后放入一匙食盐，滴入四、五滴香油，放置四个小时或过夜即可。

大碗花菜

原料

花菜	400 g	腊肉	50 g
干辣椒	7 个	豆豉	1 小匙
蒜瓣	3 瓣	生抽	1 大匙
鸡精	1/2 小匙	白砂糖	1/2 小匙
盐	1.5 小匙	食用油	15 ml
水	适量		

做法

❶ 花菜用手掰成小朵，加 1 小匙盐，用清水浸泡 10 分钟后捞出沥干；蒜瓣拍碎；干辣椒去蒂、去籽，切成小段；豆豉切碎。

❷ 锅中倒入食用油，放入腊肉炒至变色，加入干辣椒段、蒜碎、豆豉末炒出香味。

❸ 倒入花菜，翻炒一会儿；加入生抽、白砂糖和 1 大匙水，翻炒至花菜变软。

❹ 加入鸡精和盐翻炒均匀后即可出锅。

小贴士

1. 花菜要选花朵细长的散花菜，用手掰成小朵，不要用刀切，金属和蔬菜接触会影响口感。

2. 腊肉也可以用五花肉代替，五花肉在冰箱里冻 1 小时再切会比较方便。

番茄肉丸

原料

猪肉馅	250 g	洋葱	1/4 个
鸡蛋	1/2 个	姜末	1 大匙
蟹味菇	1 盒	芝士粉	2 小匙
色拉油	20 ml	盐	2 小匙
胡椒粉	2 小匙	料酒	30 ml
白葡萄酒	100 ml	番茄酱	3 大匙

做法

❶ 蟹味菇切掉根，根根分开后洗净，洋葱切碎粒。

❷ 碗中放入猪肉馅、姜末、鸡蛋、洋葱粒、芝士粉、胡椒粉 1 小匙、盐 1 小匙，再倒入料酒顺时针搅拌均匀，将肉馅捏成 10 个丸子。

❸ 油锅倒色拉油烧热，将肉丸煎熟，盛出。

❹ 锅中放蟹味菇炒熟，加入番茄酱、白葡萄酒、盐、胡椒粉，倒入煎好的肉丸和一小碗水。

❺ 小火不停搅拌，煮 15 分钟即可。

干煸四季豆

原料

四季豆	350 g	肉末	100 g
干辣椒	20 g	蒜瓣	3 瓣
生抽	1 大匙	料酒	2 大匙
鸡精	1 小匙	白砂糖	1 小匙
盐	2 小匙	食用油	200 ml

做法

❶ 肉末中加入料酒和生抽，搅拌后腌制一会；四季豆摘去两头和老筋，折成小段；蒜瓣切成末；干辣椒去蒂、去籽，切成小段。

❷ 锅中倒入食用油，中火，投入四季豆，炸至其外皮发皱，捞出沥干油。

❸ 另取一只锅，放少许食用油，爆香蒜末，再放入干辣椒炒香；入肉末，翻炒至肉发白；继续翻炒至肉末发干，变成褐色。

❹ 倒入炸好的四季豆；加入白砂糖、鸡精和盐翻炒均匀后即可出锅。

老干妈烧豆腐

原料

南豆腐............................1 块	肉末 ....100 g
老干妈油辣椒 ....2 大匙	豆豉 ....1 大匙
蒜瓣............................4 瓣	生抽 ....1 大匙
料酒............................2 大匙	鸡精 ....1 小匙
白砂糖..........................1 小匙	盐 ....2 小匙
食用油..........................10 ml	生粉 ....1 大匙
白芝麻..........................少许	

做法

① 肉末中加入料酒和生抽，搅拌后稍腌；南豆腐切小块；蒜瓣切末；豆豉剁碎。

② 烧开一锅水，放入 1 小匙盐。将南豆腐放入锅中，汆水 1 分钟后捞出备用。

③ 锅中放食用油，小火，放入一半的蒜末，再入豆豉炒香；入肉末，翻炒至肉发白；继续翻炒至肉末发干，变成褐色。

④ 倒入南豆腐块和老干妈油辣椒，翻炒均匀。加入一碗清水，小火煮至即将收干。

⑤ 加入白砂糖、鸡精，和 1 小匙盐翻炒匀。生粉加等量的清水，调成水淀粉，均匀浇在豆腐上；洒上剩余的蒜末，即可出锅。出锅后洒上白芝麻，就可以开吃啦。

豆腐先入盐水中汆水可使它不容易碎，方便之后烧或者煮。

龙井虾仁

原料

河虾 .... 200 g

龙井茶 .... 3 g

淀粉 .... 1 大匙

姜 .... 10 g

大葱 .... 10 g

料酒 .... 1 大匙

盐 .... 1 小匙

食用油 .... 20 ml

做法

❶ 河虾去头、去壳，挑掉背上的虾线；姜切细末；大葱切小段。

❷ 龙井茶用少许沸水泡开；姜末和葱段泡在 100 ml 水里 20 分钟，做成葱姜水，过滤后备用。

❸ 河虾仁放入葱姜水中，加入料酒和盐；洒上淀粉抓匀。

❹ 锅中放食用油，烧至 5 成热，放入虾仁炒至变色，关火。

❺ 倒入少许泡好的龙井茶茶水和一些茶叶，翻炒均匀后即可出锅。

马桥香干筒骨煲

烹饪时间 85 分钟

原料

猪筒骨	1 000 g	马桥香干	300 g
老抽	1.5 大匙	生抽	1.5 大匙
黄豆酱	1 大匙	白糖	2 小匙
盐	1/2 小匙	鸡精	1 小匙
料酒	2 大匙	生姜片	4 片
八角	2 个	香叶	2 片
蒜苗叶	适量	红辣椒	适量
清水	适量		

做法

❶ 猪筒骨切成段；马桥香干切成小块；蒜苗叶、红辣椒切段。

❷ 锅中放入猪筒骨段，加适量清水，烧开后继续煮 5 分钟，将猪筒骨捞出，用清水将浮沫和脏污彻底冲洗干净。

❸ 锅里放 2 升清水，将猪筒骨、马桥香干、八角、生姜片、香叶、料酒放入，大火煮开后转小火煮 30 分钟。

❹ 加入黄豆酱、生抽、老抽、白糖、鸡精、盐，继续小火煮 40 分钟。

❺ 出锅时撒上少许蒜苗叶和红辣椒段做点缀。

小贴士

马桥是上海的一个镇，那里的五香豆干特别有名，以铁锅烧浆制成，有浓郁的豆香，豆干厚实且煮后内部含有气孔，吃起来有点像老豆腐，饱含汁水。将马桥筒骨煲香干炖至骨肉分离，吃起来酥烂鲜香，口水滴滴嗒嗒……没有马桥香干可以用厚的豆腐干代替，怕豆干久煮会碎就稍微晚点放。

花样热菜 / 43

迷迭香小土豆

原料

小土豆..8 个

干迷迭香...2 小匙

现磨胡椒..少许

盐...1 大匙

黄油...40 g

橄榄油..3 大匙

做法

❶ 小土豆放入锅中，加水没过土豆，放入盐，煮至 8 分熟。

❷ 将小土豆捞出，擦干表面的水分；用勺子轻轻压出裂痕，在裂开的部分，放上小块黄油。

❸ 烤盘涂上橄榄油，将小土豆码在烤盘上；在土豆上刷上橄榄油；用手指捏碎干迷迭香，洒在土豆表面。

❹ 烤箱预热至 230℃。中层，上下火烤 30 分钟。取出装盘，撒少许现磨胡椒即可。

南瓜粉蒸肉

原料

猪腩肉	150 g	南瓜	250 g
糯米	30 g	大米	30 g
盐	1 小匙	酱油	2 小匙
料酒	1 大匙	砂糖	2 小匙
五香粉	1 小匙	八角	2 粒

做法

❶ 将猪腩肉切成细长条，南瓜去蒂、去籽、去皮，切成条。

❷ 猪腩肉放入碗中，加入盐、酱油、料酒、砂糖、五香粉和八角腌制 2 小时。

❸ 糯米和大米放入锅中，小火干炒至发微黄，再倒入搅拌机，打碎成米粉末。

❹ 将米粉拌入腌好的肉中。

❺ 取一只碗，先将南瓜依次入碗中，留出空隙。

❻ 再将肉条放入南瓜的空隙中填满。

❼ 碗入蒸锅，大火蒸，水开后再蒸 40 分钟。出锅将盘子扣在碗上，翻转过来即可。

啤酒牛肉

烹饪时间 20 分钟

原料

牛腱肉	1 000 g	土豆	300 g	纯生啤酒	330 ml
生姜	50 g	冰糖	15 g	花椒	1 小匙
八角	3 个	香叶	3 片	丁香	1 小匙
大蒜	4 瓣	生抽	150 ml	老抽	50 ml
食用油	30 ml	红尖椒	6 根	白砂糖	2 小匙

做法

❶ 牛腱肉切成大块；红尖椒切段，去蒂、去籽；生姜和大蒜拍碎备用。

❷ 炖锅中倒入食用油，烧热后放入冰糖搅拌。等到糖汁呈金黄色时，放入花椒、红尖椒、拍碎的姜和大蒜瓣。

❸ 放入牛腱肉一起煸炒至牛肉块表面的红色肉都变成褐色。

❹ 倒入纯生啤酒，和 2.5 倍量的清水。调入生抽、老抽、八角、香叶和丁香。大火煮至沸腾后，加锅盖改小火炖 2.5 小时。

❺ 土豆去皮切块放入锅中，加入白砂糖，继续加盖小火炖 40 分钟即可。

  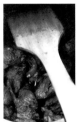 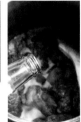  

小贴士

1. 牛肉要选牛腱肉，也就是我们平时吃酱牛肉的那种肉，或者牛腩肉。肉要切稍微大一些，因为煮过后会缩小，煮的时间长了肉也会被煮化。

2. 啤酒要选纯生，煮出的牛肉口感更好，苦味更少。

清炒枸杞头

原料

枸杞头 .... 500 g

生抽 .... 1 大匙

白砂糖 .... 1 大匙

盐 .... 1 小匙

食用油 .... 20 ml

做法

❶ 枸杞头只取顶头的嫩尖，洗净备用放入锅中。

❷ 锅中倒入食用油，放枸杞头快速翻炒至全部沾上油；倒入生抽、白砂糖，炒匀。

❸ 调入盐后即可出锅。

小贴士

枸杞头是枸杞的嫩芽，春季常见的时令野菜。它滋味独特，有补肾养肝、清火明目的功效。枸杞头有苦味，可以多放糖中和苦涩。

肉末蒸豆腐

原料

内酯豆腐 .... 1 盒

榨菜 .... 30 g

生抽 .... 1 大匙

盐 .... 1 小匙

肉末 .... 100 g

香葱 .... 1 棵

料酒 .... 2 大匙

食用油 .... 15 ml

做法

❶ 肉末中加入料酒和生抽，搅拌后腌制一会儿；榨菜用清水洗两遍，切成碎丁。

❷ 将内酯豆腐的塑料膜撕开，倒扣在盘子里；在盒子的一角，用刀切开一个小口，朝小口里吹一口气，内酯豆腐就能够完整的取出。

❸ 锅中放食用油，入肉末翻炒，加入盐炒至肉末发干，变成褐色，盛出备用。

❹ 内酯豆腐切成小块，放入碗中，依次铺上榨菜丁和炒好的肉末。

❺ 蒸锅中放水，将碗放入，水开后继续蒸 10 分钟后关火。出锅，洒上切碎的香葱即可。

沙茶金针肥牛卷

烹饪时间 15 分钟

原料

肥牛卷............... 1 盒　　金针菇................200 g　　沙茶酱 ....3 大匙
生粉...............2 小匙　　食用油...............15 ml

做法

❶ 金针菇洗净，在沸水中焯 1 分钟，捞出泡冷水，然后沥干备用；生粉加 1 大匙清水调成水淀粉。

❷ 盒装的肥牛室温解冻，将肉一片片取出，摊平放在砧板上。

❸ 取少许金针菇，剪掉根，铺在肥牛片上，再慢慢卷起；用两根牙签，插在肥牛卷的上部和下部，用以固定。

❹ 锅中加入两碗水，放入沙茶酱，搅匀；将金针肥牛卷放入沙茶汤中煮熟。

❺ 金针肥牛卷捞出，取掉牙签，摆放在盘中，继续加热沙茶汤；待剩少许汤汁时，倒入水淀粉勾芡。

❻ 将芡汁浇在金针肥牛卷上即可。

小贴士

1. 金针菇不要去根，等到卷肥牛的时候再去根，否则焯水时金针菇会散掉，不方便卷。

2. 卷肥牛时，要把金针菇往下放，只将菇的头露出肥牛的边。因为煮后肥牛会缩，金针菇容易掉出来，也影响美观。

五彩鸡丁生菜包

原料

球形生菜叶........... 4 片	鸡胸肉 ....150 g	干香菇 .... 6 个
玉米笋.................. 6 根	西芹................... 半根	胡萝卜 ....半根
色拉油.................15 ml	生抽...................15 ml	料酒 ....20 ml
胡椒粉..................少许	淀粉 ....少许	姜末 ....2 小匙
盐 ....1 小匙	鸡精 .... 1 小匙	芝麻油 ....少许

做法

① 鸡胸肉洗净切丁，加入姜末、生抽、胡椒粉、淀粉拌匀，腌制 10 分钟。

② 干香菇泡发，和玉米笋、西芹、胡萝卜一起，切成小丁；再入沸水炒熟，捞出。

③ 锅中放色拉油烧热，入鸡丁炒至变色，再加入焯熟的蔬菜丁一起翻炒。

④ 放入料酒、盐、鸡精调味；出锅前淋少许芝麻油。

⑤ 取两片球形生菜叶叠在一起，炒好的五彩鸡丁盛入其中即可。

小贴士

生菜要选取球形生菜，不仅可做容器，口感也更爽脆。

西兰花芝士焗蛋

原料

西兰花...180 g

鸡蛋 ....1 个

黑胡椒...少许

盐..少许

日式蛋黄酱..2 大匙

马苏里拉芝士..80 g

做法

❶ 西兰花去根，切成小块，放入沸水氽烫 2 分钟后捞出，浸在清水里。

❷ 鸡蛋放入锅中，加清水没过蛋，水开后煮 10 分钟，泡冷水剥壳。用切蛋器切成薄片。

❸ 烤盘里铺满西兰花，撒少许黑胡椒和盐，再挤上日式蛋黄酱，最后均匀洒上马苏里拉芝士。烤箱预热至 220℃，上下火烤 10 分钟即可。

虾皮韭菜花

原料

韭菜花..400 g

虾皮 ....20 g

红辣椒..1 个

食用油..10 ml

料酒...1 大匙

盐...1 小匙

鸡精 ....1/2 小匙

做法

❶ 韭菜花洗净切去花苞和下半部分的老茎，再切成 1.5 cm 的小段；红辣椒去蒂
和籽，切成圈。

❷ 锅中放食用油烧热，入虾皮炒出香味，再放入韭菜花翻炒，加入料酒和红辣椒圈。

❸ 调入鸡精和盐，炒匀即可出锅。

小贴士

已经开花的韭菜花老了不要选。

香辣虾

烹饪时间  15 分钟

原料

鲜虾 .... 500 g
胡椒粉 .... 1 大匙
食用油 .... 800 ml
葱白 .... 20 g
辣椒油 .... 50 ml
清水 .... 适量

干辣椒 .... 50 g
辣椒粉 .... 2 大匙
盐 .... 3 小匙
酱油 .... 1 大匙
芝麻油 .... 1 小匙

花椒 .... 10 g
砂糖 .... 2 小匙
生姜 .... 1 小块
料酒 .... 3 大匙
白芝麻 .... 少许

做法

1. 鲜虾剪去须和脚，剪开虾背；葱白切段，生姜切片，干辣椒去籽剪成小段。

2. 鲜虾放入碗里，倒入 2 大匙料酒、1 大匙胡椒粉、2 小匙盐，腌制 15 分钟。将 1 小匙盐、1 大匙料酒、2 小匙砂糖、1 大匙酱油、1 大匙清水，混合调成调味汁。

3. 锅中放入食用油，烧至 8 成热，将虾倒入炸至虾皮变皱，变成桔色时捞出。

4. 倒出油不要，锅中加入辣椒油，烧至 3 成热，倒入辣椒粉爆出香味。放入干辣椒，翻炒两下，下葱段、生姜片和花椒，再放入虾翻炒一会，淋入调味汁，炒至均匀。出锅时，加入芝麻油，撒上白芝麻即可。

小贴士

刚开始做菜不久的小情侣们，为了操作简单，处理虾的时候，可以只简单剪去须和脚。但最好还是将虾背剪开，挑去虾线，这里是虾的肠，身上最脏和腥气最重的地方。

香辣小炒肉

原料

五花肉.............................380 g
蒜瓣..................................4 瓣
蒸鱼豉油...................... 1 大匙
鸡精.............................. 1 小匙
盐.............................. 1/2 小匙

青尖椒........................... 120 g
生抽............................. 1 大匙
料酒............................. 2 大匙
白砂糖........................... 1 小匙
食用油........................... 10 ml

做法

❶ 五花肉在冷冻室冻 30 分钟后取出，切成薄片；放入碗中加入料酒和生抽，腌制一会；青尖椒去蒂、去籽，斜切成小段；蒜瓣剁成末。

❷ 锅烧热，不放油，入青尖椒干炒，加盐，炒至青尖椒皮发皱后盛出备用。

❸ 锅中放食用油，小火。放入蒜末，再入五花肉，翻炒至肉末发干，两头翘起。

❹ 倒入青尖椒同炒，调入蒸鱼豉油、白砂糖、鸡精炒匀后即可出锅。

小贴士

五花肉很不容易切，如果切之前在冷冻室先冻一会儿就能轻松切出漂亮的薄片。

豉椒蒸黄鱼

原料

大黄鱼	1 条
豆豉	10 g
剁椒	1.5 大匙
料酒	1 大匙
蒸鱼豉油	1 大匙
生姜	40 g
大葱	40 g
食用油	15 ml

做法

① 豆豉切碎；生姜切片；大葱只留葱白，切段。

② 大黄鱼剖开，挖去内脏，冲洗干净。在背上斜划几刀，刀口中塞入姜片。

③ 取一只大盘，盘底放一半的葱和姜，将鱼放在上面，再将剩下的葱、姜盖在鱼身上。

④ 在鱼上淋料酒，然后将豆豉和一半的剁椒码放在上面。

⑤ 蒸锅中放水烧开，把鱼入锅，大火蒸 10 分钟。蒸好后从锅中取出，用筷子将鱼刀口处的姜片夹掉，淋上蒸鱼豉油和剩下的剁椒。

⑥ 最后另取一只锅将食用油烧热，浇在鱼身上即可。

雪菜豆瓣酥

原料

去皮蚕豆瓣.....................300 g　　　雪菜.............................40 g

火腿...............................30 g　　　盐.............................1/3 小匙

白糖.........................1/3 小匙　　　淀粉.............................1 大匙

食用油.........................30 ml

做法

❶ 火腿切丁；去皮蚕豆瓣洗净，放入沸水中烫熟后捞出，过凉水，沥干备用；淀粉加 2 倍的水调成水淀粉。

❷ 油锅倒食用油烧热，将蚕豆瓣倒入炸 3 分钟，盛出。

❸ 将锅中的余油再次烧热，爆香雪菜后加入火腿丁煸炒，然后下蚕豆瓣、白糖、盐炒匀，倒入水淀粉勾芡后即可。

小贴士

雪菜豆瓣酥好吃的秘诀是，要将蚕豆瓣事先略炸一下，如此蚕豆的美味才会被激发出来。同样好吃的油浸蚕豆也是这个道理。

炸猪排

烹饪
时间 **7** 分钟

原料

猪大排.......400 g　鸡蛋.........2 只　面包粉......80 g　面粉...........50 g

生姜............20 g　生抽.....1 大匙　料酒.......2 大匙　胡椒粉....1 小匙

白砂糖......2 小匙　辣酱油....少许　食用油..500 ml

做法

① 猪大排洗净,用刀背沿着垂直于肌肉纹理的方向将肉敲松,正反两面都要敲,来回敲五次,大排会变大至 1.5 倍;生姜切片。

② 碗中放入生抽、料酒、白砂糖、胡椒粉和生姜片搅匀。将大排卷起放入碗中腌制半小时,期间不停地将大排上的调料抹匀。

③ 将鸡蛋磕碎,倒入碗中打散。取两只盘子,分别放入面粉和面包粉。

④ 将大排放入面粉盘中,两面沾上面粉;再放入蛋液中浸一下;然后取出放入面包粉的盘中,将两面都沾上面包粉。

⑤ 锅中放食用油,烧至油锅表面的油开始波动时,放入两块大排炸至微黄后捞出控干油。

⑥ 所有的大排都炸好后,将火开大,至油锅刚开始冒青烟,将大排依次放入锅中炸至金黄色,捞出控干油即可蘸辣酱油开吃。

小贴士

想要炸猪排好吃有两个要点:

1. 一定要先用刀背将猪肉敲松,最好是敲到大排的肉似断非断,猪肉纤维敲断后炸出的大排口感才会酥脆。

2. 要用油炸两遍。一般肉类的油炸食品都需要炸两遍,第一遍低温炸是为了让肉熟,第二遍高温炸是为了逼出肉中的水分,让肉吃起来更脆。

3. 在炸猪排风行的上海,最正宗的吃法是要蘸黄牌辣酱油,它和肉类的油炸品简直是绝配!

温暖汤羹

Wennuan tanggeng

"自此长裙当垆笑，为君洗手作羹汤"

想象身娇肉贵的卓文君，用布带盘起发髻，系上围裙。

立在灶台前，为心爱的男人烧火点灶、烹肉煮汤，

用沾满阳春水的十指，抹去前额汗水的景象。

她同司马相如私奔的时候，大概爱到可以为他去死。

情到浓处，放弃优越的生活，

开个酒垆卖酒，挣钱养家。

再浓烈的情感，回归到生活，也不过就是为他温饱，替他分忧。

如果用感受来定义爱情，便非"暖"字不可。

以前我不解，

古人为何把为爱人下厨，称为"作羹汤"，而不是"煮米面"或"烹小鲜"。

做过很多假设，也仔细回味了恋爱的各种点滴。

爱情给予恋人们的温暖，化作日常，

可能就是一句"我煮了汤，快趁热喝吧。"

这种朴实无华的关切。

无论在外面受了多少委屈、挫折，

带着什么样的假面示人，疲惫还有低落。

此刻都会被眼前这一碗，

或浓或淡、或中或洋、或咸鲜或香甜的暖汤所融化。

汤羹对恋人，就像爱情，无非是暖意融融。

荸荠玉米排骨汤

原料

排骨 .... 400 g

玉米 .... 半根

胡萝卜 .... 半根

荸荠 .... 5 个

料酒 .... 2 大匙

盐 .... 少许

鸡精 .... 少许

做法

❶ 排骨洗净；玉米和胡萝卜洗净，切块；荸荠洗净，削去皮。

❷ 锅中装满清水，倒入料酒，放入排骨；水开后，汆烫 5 分钟捞出；将排骨用清水冲洗干净。

❸ 将排骨放入锅中，加足量的清水；大火煮开后转小火煮 1.5 个小时。

❹ 放入玉米、荸荠、胡萝卜块继续煮 40 分钟，加入盐，鸡精后关火即可。

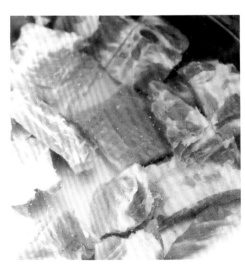

冬瓜老鸭汤

原料

老鸭	500 g
冬瓜	250 g
生姜	3 片
红枣	5 枚
黄芪	5 g
料酒	2 大匙
盐	少许
鸡精	少许

做法

① 老鸭洗净，剁成大块；冬瓜洗净，剖开去籽，切小块。

② 锅中装满清水，倒入料酒，放入老鸭；水开后，汆烫 10 分钟捞出；再将老鸭用清水冲洗干净。

③ 将老鸭、红枣、黄芪、生姜片放入锅中，加清水，高度是老鸭的 2 倍；大火煮开后转小火煮 1.5 个小时。

④ 放入冬瓜块继续煮半个小时，加入盐、鸡精后关火即可。

法式奶油生菜汤

原料

波士顿生菜（或罗马生菜）...4 片

土豆（中等大小）...1 个

黄油 ....50 g

酸奶油...1 大匙

百里香...1 小匙

浓汤宝...1/3 块

现磨胡椒 ....少许

做法

❶ 波士顿生菜（或罗马生菜）洗净，切小段；土豆洗净削皮，切成小块，加水煮熟后捞出。

❷ 取一只汤锅，小火融化黄油，放入土豆煎到变成金黄色；放入生菜翻炒片刻；加入两大碗水、浓汤宝和百里香，盖上锅盖大火开后最小火煮15分钟，关火。

❸ 将锅里的料全部倒入搅拌机中，打成浓稠的糊状，盛入碗中，上面加1大匙酸奶油，撒少许现磨胡椒即可。

小贴士

浓汤宝最好用清汤或者鸡汤口味的，法式生菜汤是清爽口味，而且浓汤宝有咸味，所以不用再放盐。也可以用高汤代替浓汤宝，但要注意就要适当减少放入清水的量，并在煮汤的时候调入少许盐。

黄豆煲猪手汤

原料

猪手 ....1 个（约 500g）	黄豆.....................................50 g
生姜 ....1 块	料酒.....................................20 ml
盐 .... 1 小匙	鸡精.................................1 小匙
白醋 .... 1 小匙	

做法

❶ 黄豆洗净，用清水泡 1 个小时；猪手洗净，去毛，剁成块；生姜洗净切片。

❷ 锅中放入剁好的猪手，加适量清水，水开后继续煮 2 分钟，将猪手捞出，用清水冲洗干净。

❸ 将猪手放入锅中，加清水漫过猪手 10 cm；放入黄豆、生姜片、料酒，大火煮开后加入白醋转小火煮 2 个小时。

❹ 加入盐、鸡精，继续煮 10 分钟后关火即可。

小贴士

汤汁浓、白、稠，可以黏住嘴唇，嫩滑的小秘诀是加一小匙白醋，让亲爱的停不下口。

鲫鱼豆腐汤

原料

鲫鱼 ....1 条

猪油 ....30 ml

嫩豆腐 ....1 块

姜片 ....3 片

盐 ....1 小匙

鸡精 ....1 小匙

香菜 ....少许

做法

① 鲫鱼去除内脏，用清水冲洗，沥干表面的水分；用姜片将锅的四壁擦一遍。

② 锅中放入猪油，烧热后放入鲫鱼；小火两面煎熟至微焦。

③ 倒入三碗温水，嫩豆腐切块一并放入煮。

④ 小火煮 15 分钟，加鸡精和盐，片刻后即可出锅；撒上少许香菜，开动！

小贴士

1. 姜片将锅的四壁擦一遍，可减少煎鱼时鱼片黏住锅底。

2. 鱼汤白色的原因是鱼中的蛋白质乳化后析出，使鱼汤呈奶白色的方法主要有：①用猪油煎鱼；②煎鱼时一定要煎至全熟，稍微一点血腥就会影响汤的颜色；③加水的时候加入温水。

菊花叶蛋汤

原料

嫩菊花叶	50 g
鸡蛋	1 个
枸杞	5 颗
盐	1 小匙
鸡精	1 小匙

做法

① 嫩菊花叶洗净; 枸杞用清水泡一会儿; 鸡蛋磕入碗中,加 1/2 大匙的清水,打散备用。

② 取一只汤锅,加三大碗水烧开, 放入枸杞后将鸡蛋液划圈倒入。

③ 待鸡蛋成型后, 在汤里调入盐和鸡精; 将菊花叶放入锅中, 烫一会儿就可将汤盛出。

小贴士

1. 嫩菊花叶也叫菊花脑,是南京人喜爱的野菜。菊花脑受热很容易变黄,所以只需要在汤里过一下水就必须立刻盛出。

2. 做出漂亮的蛋花汤的方法: ①鸡蛋中加入少许清水一同打散; ②将蛋液倒入锅中后, 一定不要去搅拌, 也不要中途加水, 直到蛋花成型后才能进行其他操作。

苦瓜陈皮煲腩排

原料

腩排 .... 250 g

苦瓜 .... 半根

陈皮 .... 少许

生姜 .... 3 片

盐 .... 少许

鸡精 .... 少许

料酒 .... 1 大匙

做法

❶ 苦瓜洗净，剖开去籽，切小片；烧开一锅水，放入苦瓜焯煮 3 分钟后捞出。

❷ 取一只锅，放入腩排，倒入清水（没过腩排），加料酒。水开后余烫 5 分钟捞出，再用清水冲洗干净。

❸ 将腩排、陈皮、生姜片放入锅中，加清水，高度是腩排的 2 倍；大火煮开后转小火煮 2 个小时。

❹ 加入盐、鸡精，继续煮 20 分钟后关火即可。

绿豆百合籽汤

原料

绿豆 .... 80 g   百合籽 .... 50 g

干桂圆 .... 5 颗   土冰糖 .... 1 大块

做法

❶ 绿豆洗净；百合籽洗净；干桂圆敲开壳，取出肉。

❷ 取一只汤锅，加足量的清水，放入绿豆和桂圆肉；盖上锅盖，大火煮开后转小火煮，并不时撇去浮沫。

❸ 煮至部分绿豆开花后，倒入百合籽和土冰糖，再煮 10 分钟即可。

小贴士

1. 百合籽是我们常吃的百合的珠芽。它味道苦，性寒凉，有清热、凉血等功效。和绿豆同煮有消暑解烦的作用。百合籽味道苦，所以加一些冰糖同煮口感更好。

2. 由于百合籽比较寒凉，绿豆也是寒凉之物，即使是夏天女生吃的太寒凉也不好，所以放入几颗性热的桂圆可以消减一些寒凉，也可以放入红枣或者红豆。

山药枸杞煲鸡腿

原料

鸡腿 .... 180 g

山药 .... 200 g

香菇 ....5 朵

枸杞子 ....8 颗

盐 .... 1 小匙

鸡精 .... 1/2 小匙

做法

❶ 山药去皮切成块；香菇用清水泡发；枸杞子洗净。

❷ 锅内加水，烧开后把鸡腿放入焯水 1 分钟。

❸ 焯好的鸡腿和香菇一起放入煲里，加入水，水量要没过食材一倍高。

❹ 盖上盖，大火烧开后改小火煲 1.5 小时。

❺ 再放入山药和枸杞子，用小火继续煲 20 分钟左右。

❻ 最后调入盐、鸡精，搅匀后关火即可。

养生五红汤

原料

红小豆 .... 50 g

花生 .... 50 g

大枣 .... 8 枚

黄芪 .... 15 g

枸杞 .... 15 g

红糖 .... 40 g

做法

❶ 红小豆、花生、大枣、枸杞洗净，用水泡 1 小时，水不倒掉。

❷ 黄芪放入锅中加三碗水，煮 20 分钟。

❸ 捞出 2/3 的黄芪不要，黄芪水中加入红小豆、花生，再添三碗水，大火煮开后，小火煲 30 分钟。

❹ 加入大枣、枸杞接着煲 30 分钟。

❺ 最后加入红糖煲 10 分钟关火即可。

小贴士

1. 最早是在抗癌食单中知道五红汤的。癌症患者在化疗后喝五红汤，能增加红细胞和血小板数量，减轻化疗产生的不良反应，效果十分出色。仔细看五红汤的组成，有红豆、红皮花生、红糖、红枣和枸杞，都是日常生活中再普通不过的食材，将它们一起熬汤煮成甜品，饱足之余还能养生真是完全没有想到。

2. 红枣健脾补血，红豆清热利水，红皮花生养血止血，枸杞补肝肾，红糖益气健脾暖胃。五种材料各抓一把煮成的五红汤，尤其适合贫血体虚的女性，有效改善经期失血过多造成的头晕和面容苍白等症状。五红汤的材料易得，无副作用，身体健康的男女老幼都可以喝。而且基于它对血液的保健作用，建议最好能常喝。

我必须得吃饭

男女朋友出去餐馆吃饭，

女孩子夹菜吃饱，放下筷子。

男生通常都会举手示意服务员：

麻烦，来碗米饭。

对于不吃主食会死的人来说，

哪怕菜已经顶到嗓眼了，也要吞下一口米饭才算了结一餐。

因为对他们而言，

满桌子的菜都不过是为了搭配一碗喷香的米饭。

对于以面食为主的北方人民，也是同样道理。

什么都不能没有，唯独不可少的，

只有一碗了然于心的熟悉。

既是几十年养成的习惯，也是一份饱足的寄托。

对伴侣的好胃口负责任，记住，主食是首要的。

即便没有菜，一碗米／面，一点酱，也一样能将碗底扫个精光。

饱腹主食
Baofu zhushi

白腐乳汁意面

原料

长意面 .... 110 g
白腐乳 .... 1 块
帕玛森芝士 .... 2 大匙
盐 .... 1 小匙
橄榄油 .... 10 ml
牛奶 .... 2 大匙
干百里香 .... 1/3 小匙

做法

❶ 帕玛森芝士用擦丝器擦成丝备用。

❷ 大火锅中水烧开，下长意面，加入少许盐。不盖锅盖，煮 8 分钟后捞出。用冷水将意面冲凉。

❸ 平底锅中倒入橄榄油，放入意面和一块白腐乳，并加入少许腐乳汁和牛奶，拌炒至腐乳融化，关火。加入一半的芝士丝，快速搅拌后盛盘。

❹ 将剩余的芝士丝撒在面上，用手指将干百里香捏碎后撒在表面即可。

小贴士

以 110 g 意面加一块白腐乳为基础调整，腐乳和汁本身有咸味，因此不需要再加盐。

藏红花烩饭

原料

大米 .... 300 g
干白葡萄酒.......................... 150 ml
藏红花.............................. 1/2 小匙
高汤 .... 700 ml

黄油 .... 50 g
洋葱 .... 中等大小 1 只
帕尔玛芝士.......................... 4 大匙

做法

❶ 大米淘洗干净，洋葱切成细末，帕尔玛芝士用刨子刨成丝。

❷ 将一半量的黄油倒入不粘锅中，小火融化，加入洋葱末翻炒 8 分钟。

❸ 倒入大米拌匀，再倒入白葡萄酒翻炒至收干。向锅中倒入三分之一的高汤和藏红花，不断搅拌煮至收干。再加入三分之一的高汤，搅拌煮至收干。最后加入剩下的高汤，继续搅拌至收干，然后关火。

❹ 将剩下的黄油和帕尔玛芝士丝倒入锅中，搅拌均匀，盖上锅盖焖一会即可。

小贴士

1. 没有高汤可以用浓汤宝代替。

2. 藏红花可在进口食品超市或者网购得到。

3. 加入高汤的量大约为 700 ml，不同品种的大米吸水量不同，视情况定。在第三次加水后，尝一下饭的软硬再决定，容易吸水就多加些，否则就少加。

豉油皇银芽炒面

原料

广式全蛋面饼..90 g

韭黄..80 g

老抽..1 大匙

生抽..1/2 大匙

鸡精..1/3 小匙

小葱..20 g

食用油..40 ml

做法

❶ 烧开一锅水,将广式全单面饼放入煮熟,并用筷子打散后盛出。在凉水中过一下,然后沥干。

❷ 炒锅烧热 30 ml 食用油,将全蛋面放入,用筷子将其打散,略煎,直到面条都沾上油后盛出。

❸ 韭黄切段;小葱切段。

❹ 另起一锅放少许食用油,入全蛋面和生抽、老抽、鸡精,炒至面条的颜色均匀,再放入韭黄和葱段炒几下,即可。

小贴士

　　豉油皇炒面是传统的粤式主食。豉油是大豆酿造的酱油,而称得上豉油皇的则是黄豆发酵后第一次制成的酱油。用上好的豉油去煎炒全蛋面,再加入银芽和韭黄,香喷喷一出锅,亲爱的不会不喜欢。

1. 90 g 干的全蛋面饼煮熟后约为 250 g。

2. 这道面好吃的关键是酱油的选用和配比,酱油要选上好的头抽,稍带甜味的最好。另外老抽和生抽的比例是 2:1。

3. 在炒面前要先将面条煎一下,既能使面条看起来油亮,又可以增加面条的香味。

4. 还可以根据个人喜好加入绿豆芽或者火腿丝。

川味炸酱面

原料

肉末 .... 70 g

豆豉 .... 1/2 大匙

辣椒粉 .... 1 大匙

花椒 .... 1/2 大匙

生抽 .... 1 大匙

料酒 .... 1 大匙

鸡精 .... 少许

盐 .... 少许

红油 .... 1 大匙

食用油 .... 30 ml

做法

❶ 豆豉切碎，肉末加料酒和生抽腌制 10 分钟。

❷ 辣椒粉和花椒放入小碗，锅中烧热食用油，将油浇在碗里，用筷子搅拌均匀。静置一会儿后，将花椒取出不要，做成花椒辣油。

❸ 锅中放入少许食用油，将豆豉放入炒香，再加入肉末和一大匙刚做好的花椒辣油；小火煸至发干，肉末变成红色，盛出。

❹ 面碗中放入盐、鸡精、和 1 大匙花椒辣油；煮面，面熟后捞入碗中；将肉末放在面上，再淋少许红油即可。

蛋煎馄饨

原料

生馄饨...15 只

鸡蛋..2 只

食用油..少许

盐..少许

葱花..少许

做法

① 鸡蛋加入盐，打散备用。

② 平底锅中加少许食用油，将生馄饨放入，稍微煎一会儿。

③ 倒入冷水，水量到馄饨高度的一半处即可，开小火煮。

④ 煮至只剩一点水的时候，将蛋液均匀倒入锅中。煎至蛋液凝固，洒上葱花即可。

小贴士

没时间包馄饨的话，买超市的速冻馄饨也可以，只需要在室温下解冻变软就可以用了。

花生酱烤饭团

原料

熟米饭...300g

食用油...1 大匙

鸡蛋 ....1 只

花生酱...2 大匙

做法

❶ 取一只保鲜袋，将 100 g 米饭放入袋中，抖到保鲜袋的一个角上，然后用手隔着袋子整出三角形。

❷ 将饭团捏好后取出，放在刷了层食用油的烤盘上。将鸡蛋打散，每只饭团正反两面上都刷上蛋液。

❸ 放入预热至 180℃的烤箱，烤 10 分钟让饭团上一层淡淡的黄色。然后将饭团从烤箱中取出，表面涂上一层花生酱后，再放回烤箱烤 10 分钟即可。

小贴士

烤饭团时要不时移动一下饭团，防止米饭黏底，烤出来不好看。

火腿芦笋卷

原料

芦笋 .... 6 根

鸡蛋 .... 2 只

卷饼皮 .... 2 张

食用油 .... 少许

蛋黄酱 .... 适量

火腿 .... 4 片

做法

① 芦笋切去尾部老的部分，在沸水中焯至碧绿色，捞出放入冷水中；鸡蛋打散。

② 用纸巾沾少许食用油，涂抹平底锅。再倒入蛋液，分别摊成两张蛋皮饼。

③ 在砧板上依次放上一张卷饼皮，一张蛋皮饼，挤上蛋黄酱，铺上两片火腿，最后放上芦笋，卷紧即可。再用剩下的材料做成另一只火腿芦笋卷。

 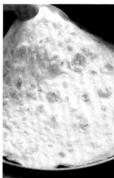  

小贴士

1. 摊蛋皮时要少放食用油，用厨房纸沾少许油涂抹锅底即可。

2. 摊蛋皮时一定要小火，才能摊出漂亮的蛋皮。

3. 放火腿的时候，要将火腿叠着放，这样卷的时候火腿才不容易掉出来。

迷你肉球汉堡

原料

小圆面包 ....8 个	猪、牛肉糜 .... 各 160 g
洋葱 .... 80 g	胡萝卜 ....50 g
蒜瓣 ....4 个	面包粉 ....25 g
帕玛森芝士.....................2 大匙	鸡蛋 .... 1 只
盐 .... 1 小匙	胡椒粉 ....1 小匙
番茄酱 .... 8 大匙	食用油 ....15 ml

做法

① 将洋葱、胡萝卜切成小粒，蒜瓣剁成蒜末。

② 锅中放少许食用油，放蒜末炒香，再将洋葱、胡萝卜放入同炒至变软。

③ 取一只大碗将炒好的洋葱、胡萝卜末放入，再加猪、牛肉糜，鸡蛋，面包粉，帕玛森芝士，盐和胡椒粉，顺时针搅拌至黏稠。

④ 将肉糜揉成 8 个同样的小肉球。平底锅内放少许食用油，将肉球依次放入煎至表面发白变熟。

⑤ 烤箱预热至 180℃，将小肉球放入烤盘，推入烤箱，上下火烤 15 分钟。

⑥ 将小圆面包上下剖开，放入烤好的肉球，每个肉球浇 1 匙番茄酱，然后盖上面包即可。

除了加面包糠、鸡蛋和帕玛森芝士，美味的秘诀在于牛肉糜和猪肉糜各半，牛肉糜味香，猪肉糜软而多汁。好吃到哭！

蘑菇培根调味饭

原料

大米	400 g	蘑菇	50 g
蟹味菇	30 g	培根	50 g
干香菇	6 朵	干茶树菇	30 g
洋葱	40 g	蒜瓣	3 瓣
橄榄油	2 大匙	黄油	10 g
白葡萄酒	1.5 大匙	帕玛森芝士	2 大匙
高汤	适量		

做法

❶ 大米淘洗干净；干茶树菇和干香菇用水浸泡，切小段；洋葱切小碎粒；蘑菇洗净去蒂切片；蟹味菇洗净去蒂；培根切小片；蒜瓣切粒。

❷ 锅内 1 大匙橄榄油和黄油烧热，下洋葱粒，炒软至微微发焦。

❸ 放入泡发好的香菇和茶树菇炒香，放入蒜粒炒香。

❹ 放入大米翻炒均匀到没有水分为止，倒入白葡萄酒，待酒味散去后加入泡发菌菇的水 100 ml，再倒入高汤，高汤的量比米高出 2 cm。

❺ 盖上锅盖，用最小火焖煮至水分收干，期间需要不时翻动米粒防止糊底。

❻ 同时另起一个锅，下橄榄油，放入培根炒出油，再放蘑菇片、蟹味菇炒至颜色微黄。

❼ 米饭焖好后关火，加入 1 大匙帕玛森芝士搅匀，盛在盘子里。将炒好的蘑菇培根盖在饭上，最后在上面再撒 1 大匙帕玛森芝士即可。

香菇烧卖

原料

糯米 ......150 g   肉糜 ....100 g   水饺皮 .... 250 g   胡萝卜..... 50 g

干香菇 ......6 朵   盐 .... 1 小匙   生抽 ...... 1 大匙   五香粉.. 1 小匙

胡椒粉.. 1 小匙   鸡精 ...... 1 小匙   料酒 ...... 2 大匙   食用油... 15 ml

面粉 .... 少许

做法

❶ 糯米洗净浸泡 1 小时，糯米和水按 1 ：1.5 的比例，放入电饭锅煮熟。

❷ 干香菇泡发切丁、胡萝卜切丁；肉糜中加入料酒、生抽搅拌均匀腌一会儿。

❸ 锅中放食用油烧热，放入肉糜滑散；肉糜变色后，放入蒸熟的糯米饭、胡萝卜丁和香菇丁，炒匀。

❹ 放入盐、生抽、五香粉、胡椒粉、鸡精和少许清水炒匀。将炒好的的糯米饭盛出，晾凉备用。

❺ 水饺皮放案板上，撒些少许面粉；用擀面杖将皮子的边略擀薄一些，使皮的边缘微微卷起。

❻ 在面皮中央放上糯米饭，收拢；留点开口露出里面的馅料。

❼ 蒸锅烧开水后，上锅蒸 10 分钟；期间打开锅盖，用喷壶喷少许清水在烧卖上，以保持烧卖外皮的湿润。

瑶柱蛋白炒饭

烹饪时间 15 分钟

原料

米饭	400 g
菜心	2 根
干瑶柱	30 g
蛋白	2 只
盐	1 小匙
鸡精	1/2 小匙
小葱	1 棵
食用油	30 ml

做法

1. 菜心切粒；小葱切粒；干瑶柱用清水泡发至软。
2. 菜心粒用沸水焯熟，瑶柱也用沸水焯一下，放凉后用手撕成丝。
3. 烧热锅，倒入 20 ml 食用油，下蛋白，炒至八成熟，然后盛出。
4. 再烧热油锅，倒少许食用油，下米饭、盐、鸡精翻炒。再下菜心粒、蛋白、瑶柱丝和葱粒炒匀即可。

小贴士

瑶柱就是干的扇贝肉，烹饪之前需要先泡发，泡发得不好，吃起来会很硬。将瑶柱洗净后，先用清水中浸泡约 30 分钟，让干贝充分吸收水分，待它稍微变软，用手轻轻去掉边角上的老筋和白膜，再用温水泡 3 小时即可。挑选瑶柱时，以粒圆，色黄，表面微微泛光，为好。

银鱼鸡蛋饼

烹饪时间 ⑳ 分钟

原料

冰冻银鱼	130 g
面粉	200 g
鸡蛋	2 只
盐	1 小匙
清水	400 ml
鸡精	1/2 小匙
小葱	3 棵
食用油	30 ml

做法

❶ 冰冻银鱼常温下解冻后沥干、小葱切碎粒。

❷ 将面粉和盐混合，用筛子筛到盆里，再在盆里磕入鸡蛋，用打蛋器搅拌，并慢慢加入清水，调成面糊。

❸ 在面糊中加入银鱼、葱粒和鸡精，拌匀。在室温中静置半小时。

❹ 平底锅中倒食用油，用厨房纸将油在锅中涂抹均匀，中火，倒入一勺面糊，快速将面糊在锅中转一圈，摊成圆饼状。

❺ 待面糊成型后，将边上的面皮掀起翻面，再稍微煎一会即可。

此方子的量可以用直径 24cm 的锅摊 6 ~ 7 个煎饼。

带爱带便当

刚上班的那阵子，

觉得带便当是件骄傲的事情。

午饭时间一到，同事们便围在茶水间，

各自将带来的便当放在桌上展示。

谁带了红烧排骨配腰果西兰花，

谁的糖醋里脊看起来肯定很好吃，

而可怜的只有剩菜就白饭，或者杂酱面加几筷子黄瓜丝的人，

就会成为当天被大伙同情的对象。

同事们之间，凡是开火做饭的，都会私下暗暗较劲，

下回绝对要让大伙惊艳一把。

大约是能体会茶水间的暗自比拼，

在两个人生活之后，我都会用心去做每天的便当，

用收到的夸赞和他满意的笑容作为鼓励，每天认真准备食材。

我觉得，一份好的便当即是在告诉别人，

你是被好好照顾着的。

幸福便当

Xingfu biandang

葱油拌面＆荷兰豆炒腊肠

葱油拌面

烹饪时间 **15** 分钟

原料

面条	150 g
小葱	2 棵
生抽	2 大匙
老抽	1 大匙
白砂糖	1 大匙
食用油	30 ml

做法

❶ 小葱洗净，只取葱叶，切成小段；小碗中放入生抽、老抽、白砂糖和2大匙清水调成调味汁。

❷ 锅中放食用油，放入葱段，小火炸至葱变成褐色。

❸ 将调味汁慢慢加入锅中，搅拌均匀，小火煮一会儿。

❹ 面条下好后捞出，加入煮好的葱油汁，拌匀即可。

荷兰豆炒腊肠

原料

荷兰豆	80 g
腊肠	1 根
蒜瓣	3 个
盐	1/3 小匙
食用油	15 ml

做法

❶ 荷兰豆洗净，摘去蒂，抽掉老筋；腊肠斜切成片。

❷ 荷兰豆在热水中焯至变成翠绿色捞出，浸冷水后沥干。

❸ 炒锅中放入食用油，放入蒜瓣翻炒出香味，加入腊肠炒至腊肠边翘起。

❹ 倒入荷兰豆同炒，调入盐，翻炒匀即可。

烹饪时间 **5** 分钟

鸡蛋沙拉可颂

原料

可颂面包...................................1 只

鸡蛋..1 只

生菜叶.......................................1 片

沙拉酱.....................................1 大匙

现磨胡椒...................................少许

做法

❶ 鸡蛋放入锅中，水开后再煮 10 分钟。煮好后捞出浸在冷水中，剥壳。

❷ 将蛋白和蛋黄分开，分别切成小块。再一齐放入碗中，加沙拉酱和现磨胡椒搅拌均匀。

❸ 可颂面包中间切开，垫上一片生菜叶，然后放上鸡蛋沙拉即可。

烹饪时间 **5** 分钟

金枪鱼芥末可颂

原料

罐头金枪鱼.............................30 g

生菜叶.......................................1 片

第戎芥末酱.............................1 大匙

芝士片.......................................1 片

可颂面包...................................1 只

做法

❶ 将罐头金枪鱼用筷子夹碎，加第戎芥末酱搅拌均匀。

❷ 可颂面包中间切开，将芝士片铺在可颂上，上面垫上一片生菜叶，然后放上金枪鱼沙拉即可。

烹饪时间 **3** 分钟

金枪鱼拌饭

原料

米饭 ....250 g

罐头金枪鱼.....................40 g

毛豆 ....30 g

做法

❶ 将毛豆洗净，放入耐热的小碗，加热水没过毛豆；放入微波炉，高火加热 1 分钟后取出。

❷ 打开金枪鱼罐头，将金枪鱼用筷子碾碎。

❸ 米饭盛在大碗中，加入熟毛豆和金枪鱼碎，倒入少许罐头中的汤水，拌匀即可。

❹ 食用时还可加一些鸡肝酱、剁椒、熟黑芝麻来丰富口味。

小贴士

金枪鱼罐头有很多种口味，泉水浸泡的金枪鱼最清淡，豆油浸泡的有油香，香辣的下饭。可以利用不同的口味给亲爱的她（他）变换花样。

韭花炒蛋

原料

韭菜花........................140 g

鸡蛋 ....1 只

盐 ....1/3 小匙

鸡精 ....1/3 小匙

食用油........................15 ml

做法

❶ 韭菜花洗净切去花苞和下半部分的老茎，再切成 1.5 cm 的小段；鸡蛋打散，加入少许清水，搅匀。

❷ 炒锅中放入食用油，小火，倒入蛋液；待蛋液开始凝固时，用铲子将其轻轻滑散，等蛋液再次凝固时，盛出备用。

❸ 同一锅中补少许食用油，将韭菜花倒入翻炒至变成油绿色；调入鸡精和盐，倒入炒鸡蛋后翻匀即可。

可选配菜：煎小香肠

小香肠 ....3 根

即食紫菜 ....3 片

食用油.......................10ml

①用刀在小香肠上划几道口子。

②锅中放油，小火将小香肠放入，煎至香肠上的口子张开即可。

③用紫菜垫着放入便当盒中。

腊肠香菇油饭＆西芹炒虾仁

腊肠香菇油饭

烹饪时间 18 分钟

原料

干香菇 .... 5 朵	腊肠 .... 80 g
大米 .... 130 g	玉米粒 .... 15 g
青豆粒 .... 15 g	白砂糖 .... 1 大匙
生抽 .... 1 大匙	老抽 .... 1/2 大匙
料酒 .... 1/2 大匙	食用油 .... 10 ml
虾皮 .... 适量	盐 .... 少许

做法

① 干香菇泡软，切成小丁；虾皮洗净。

② 大米洗净加入 1 ：1 倍的水放入电饭锅，上面放玉米粒、青豆粒和切成片的腊肠，按下煮饭键煮熟，再焖 20 分钟；煮饭的时候准备调味汁。

③ 料酒、生抽、老抽、白砂糖、盐（可不用）放入小碗中，加入 80 ml 泡香菇的水混合。

④ 锅内倒食用油烧热，加入香菇丁和虾皮翻炒，再倒入调味汁，中小火煮 3 分钟，剩少许汤汁时关火。

⑤ 将煮好的米饭和汤汁搅拌均匀即可。

西芹炒虾仁

烹饪时间 8 分钟

原料

西芹 .... 1 根
虾仁 .... 50 g
料酒 .... 1 大匙
盐 .... 1 小匙
鸡精 .... 1/2 小匙
食用油 .... 10 ml

做法

① 西芹摘去叶切去老根，切成小段；虾仁挑去背上的肠线。

② 炒锅中放食用油，入西芹炒至半透明，放入虾仁，倒入料酒炒一会儿。

③ 加入鸡精和盐炒匀即可。

腊味芋头饭便当

腊味芋头饭便当

原料

大米	180 g
小芋头	3 个
腊肠	1 条
腊肉	1 条
青菜	3 棵
生抽	20 ml
料酒	10 ml
盐	1/2 小匙
食用油	15 ml

做法

❶ 小芋头削去皮，切小块；腊肠和腊肉切片；青菜洗净，切掉老根。

❷ 将大米淘洗干净，和芋头块一起放入电饭锅，加入 1.1 倍的水，稍微搅拌后，按下煮饭键煮饭，饭煮熟后再焖 10 分钟。

❸ 将锅烧热，倒少许食用油，入腊肉和腊肠，炒至肉变得微微透明即可关火；青菜在加入少许盐的沸水里烫熟后捞出。

❹ 将芋头饭盛在便当盒中，铺上炒好的腊肉和腊肠，放上烫熟的青菜。

❺ 生抽和料酒按照 2:1 兑好，浇在饭上即可。

榄菜肉末四季豆&
鸡蛋炒杂菜

榄菜肉末四季豆

原料

四季豆.....200 g	肉末 ....80 g
橄榄菜.......15 g	蒜瓣 ....2 瓣
生抽 ....1 大匙	料酒 ....2 大匙
鸡精 ....1 小匙	白砂糖 ... 1 小匙
盐..........1 小匙	食用油 .....15 ml

做法

1 四季豆洗净去头、去尾，摘去老筋，切成小粒；蒜瓣切成末；肉末中加入蒜末、料酒和生抽，搅拌后腌制一会儿。

2 锅中放食用油，放入四季豆炒至颜色碧绿后盛出备用。

3 锅中放食用油，入肉末翻炒至肉末发干，变成褐色。

4 倒入四季豆和橄榄菜，翻炒均匀；加入白砂糖、鸡精和盐翻炒匀即可出锅。

烹饪时间 **10** 分钟

可选配菜：白芝麻丁香鱼

瓶装丁香鱼.....................10 g

熟白芝麻 .... 1 小匙

丁香鱼放入碗中，洒上白芝麻入拌匀即可。

鸡蛋炒杂菜

烹饪时间 **5** 分钟

原料

鸡蛋 .... 1 只	
冷冻杂菜 ....20 g	
盐 ....1/2 小匙	
食用油....................................10 ml	

做法

1 鸡蛋打散，加入少许清水，搅匀备用。

2 炒锅中放入食用油，小火，倒入蛋液；待蛋液开始凝固时，用铲子将其轻轻滑散，等蛋液再次凝固时，入冷冻杂菜翻炒，加入盐炒匀即可。

小贴士

炒蛋好吃的诀窍，记住三点：

1. 鸡蛋打散后，加入一点点清水搅匀可使鸡蛋更嫩滑，加入的量按照一个鸡蛋，半可乐瓶盖为宜。

2. 炒蛋时火要小，微火慢炒是最合适的。

3. 蛋液开始凝固时，用铲子或筷子，将其轻轻滑散，等蛋液再次凝固时，能炒出层级丰富蓬松的鸡蛋。

梅干菜肉末饭团＆清炒黑豆苗

梅干菜肉末饭团&清炒黑豆苗

烹饪时间 **15** 分钟

原料

熟米饭	300 g	梅干菜	25 g
猪肉糜	100 g	黑豆苗	50 g
胡萝卜	1/5 根	海苔	2 片
蒜瓣	3 个	料酒	2 大匙
酱油	1 大匙	白砂糖	1 大匙
盐	少许	食用油	20 ml

做法

❶ 黑豆苗去根洗净；胡萝卜切成小丁；蒜瓣切成末；猪肉糜中加料酒、酱油和蒜末，腌制 10 分钟。

❷ 梅干菜泡水，搓洗三四遍后挤干，用剪刀剪碎。

❸ 烧热锅，倒入食用油，下猪肉糜煸炒至变白，入梅干菜翻炒，再加入白砂糖炒匀后备用。

❹ 手上套个保鲜袋，挖一勺熟米饭，中间放入梅干菜肉末，再盖上一勺米饭，捏成饭团。取一张海苔，包住饭团。

❺ 锅中倒食用油，先放胡萝卜丁，再入黑豆苗，加盐，翻炒至熟。

❻ 将饭团和炒好的黑豆苗摆入饭盒即可。

酸菜热狗＆蔬菜沙拉

酸菜热狗

原料

热狗面包 ....2 只

热狗肠 ....2 根

酸菜 ....30 g

第戎芥末酱 ..2 大匙

番茄酱 ....2 大匙

沙拉酱 ....2 大匙

食用油 ....5 ml

做法

1. 烤箱预热 180 度，将热狗面包放入烤 2 分钟后取出。
2. 平底锅中放食用油，烧热后放入热狗肠，煎至表面变白。
3. 在面包的内两侧涂上第戎芥末酱，放入适量酸菜，再夹入热狗肠，依次挤上番茄酱和沙拉酱即可。

好吃的宜家热狗，用的是法兰克福香肠，这是做热狗最合适的肠。没有第戎芥末酱也可以用芥末油代替或者不用。

蔬菜沙拉

原料

大杏仁 ....8 颗　各种生菜叶 .. 6 片

黄瓜 ....1/3 根　小番茄 ....4 个

嫩玉米粒 ...2 大匙　面包粒 ....少许

沙拉酱 .... 适量

做法

1. 将各种生菜叶用手撕碎，黄瓜切片，小番茄对半切。面包粒烤干，嫩玉米粒放入微波炉加水转熟。
2. 将①同剩下的所有食材混合，吃的时候淋上沙拉酱即可。

土豆咖喱鸡 & 蟹味菇炒毛豆

土豆咖喱鸡

烹饪时间 **18** 分钟

原料

鸡肉 .... 250 g

土豆 .... 100 g

百梦多咖喱 ....2 块

食用油 .... 15 ml

做法

❶ 将鸡肉洗净，切小块；土豆洗净，削皮，切小块。

❷ 将锅烧热，倒少许食用油，入土豆炒至变成有点透明，加入鸡肉炒至肉变白。

❸ 加入 4 倍量的水，中火煮，并一边撇去浮沫。喜欢放豌豆、玉米粒的可在此步骤中放入一并煮。

❹ 煮至剩两倍水量时，关火，放入 2 块百梦多咖喱，搅拌至咖喱块融化。再开火，中途搅拌几次，煮至喜欢的浓稠度即可。

小贴士

1. 鸡肉和土豆要切的比平时吃的更小一些，这样更适合放在便当盒里。

2. 百梦多咖喱块味道已经很浓郁，不用再加其他调料。

3. 咖喱块最好是关火后再放入融化，否则不容易化开；也可以放入碗里，用温水融化后再倒入煲中。

蟹味菇炒毛豆

原料

蟹味菇 .... 半盒

蟹肉棒 ....1 根

毛豆 .... 50 g

盐 .... 1/3 小匙

鸡精 .... 1/3 小匙

食用油 .... 15 ml

做法

❶ 蟹味菇切去蒂，一根根分开后洗净；蟹肉棒切小段。

❷ 炒锅中放入食用油，入蟹味菇炒至半透明，放入毛豆，炒一会儿后放入蟹肉棒翻炒。

❸ 加入鸡精和盐炒匀即可。

烹饪时间 **5** 分钟

可选配菜：拍黄瓜

小黄瓜....1 或 2 根　蒜瓣.....3 瓣

生抽 ....1 小匙　盐 ....1 小匙

鸡精 ....1 小匙

小黄瓜洗净去蒂，切小段；蒜瓣剁成蒜泥。黄瓜段放入碗中，放入蒜泥、生抽、鸡精、盐拌匀即可。

洋葱虾盖饭&炒花菜

洋葱虾盖饭

烹饪时间  12 分钟

原料

米饭 .... 200 g　　　虾仁 .... 200 g　　　洋葱 .... 半个

鸡蛋 .... 1 只　　　料酒 .... 1 大匙　　　面粉 .... 1 大匙

面包粉 .... 2 大匙　　　番茄酱 .... 2 大匙　　　盐 .... 1 小匙

食用油 .... 200 ml

做法

❶ 洋葱切丝；鸡蛋打散；虾仁中加入面粉、面包粉、盐、料酒和一半的蛋液；搅拌后腌制一会儿。

❷ 锅中倒入 200 ml 食用油，烧至 5 成热，倒入腌好的虾仁，炸至虾仁变白变熟后盛出备用。

❸ 锅中放炸虾余油 20 ml，放入洋葱丝炒一会，加 1 大匙清水，炒至洋葱变软。

❹ 洋葱中倒入炸好的虾仁，炒匀；调入番茄酱翻炒后即可出锅，浇在米饭上即可。

炒花菜

烹饪时间 5 分钟

原料

花菜 .... 80 g

冷冻杂菜 ...... 40 g

盐 .... 1 小匙

食用油 .... 10 ml

做法

❶ 花菜用手掰成小朵，加 1/2 小匙盐，用清水浸泡 10 分钟。

❷ 炒锅放食用油烧热，倒入花菜翻炒一会儿；加入 2 小匙清水；倒入冷冻杂菜翻炒至花菜变软，加入 1/2 小匙盐炒匀即可。

浓情甜点
Nongqing tiandian

甜品的美好，就是爱

有一段话我很喜欢：
一想到大家总有天要死
就觉得该对
喜欢的人
好一点

高调的，
低调的，
无论表象如何
都无所谓

吃甜蜜的食物
这就是爱情。

提拉米苏、杏仁瓦片、红豆沙椰汁糕、炸汤圆、酥烤苹果 ……
或朴实，或家常，或中或西，外型美丑好坏，用料为何。
无论表象怎么样，都有一颗蜜般的心。
吃甜食能令人身心愉悦，偶尔动手为爱人做一道，
完成之后，两个人头碰头，
窝在一起分享甜蜜和周末午后的美好阳光。
不必太在意成功，甜品，终究是甜的。
那颗滚烫炙热，爱着彼此的心，终究是质朴无华的。
爱情是表达和分享，表达甜蜜、分享美好，甜品囊括了一切。

黑白果仁

原料

杏仁 .... 80 g

夏威夷果 .... 80 g

白巧克力 .... 50 g

黑巧克力 .... 50 g

做法

❶ 烤箱预热至 170℃，将杏仁和夏威夷果铺在烤盘中烤一会儿，夏威夷果烤 6 分钟，杏仁烤 15 分钟。烤完取出放凉。

❷ 将白巧克力和黑巧克力切成小块，分别放入小碗中。

❸ 取一只平底锅放入水，将两只巧克力碗隔水放入锅中；开火加热，直至巧克力完全融化。

❹ 用手捏住杏仁，在融化的巧克力中蘸一下，然后放在烤纸上。用这种方法将杏仁和夏威夷果随意蘸上巧克力酱，然后放在烤纸上。

❺ 将放满坚果的烤纸入冰箱冷藏一会儿，至到巧克力凝固即可。

小贴士

可以用任意喜欢的坚果来做，但蘸酱之前都要烤一下，也可以用杏干、红薯干来蘸巧克力酱。

红豆沙椰汁糕

原料

椰浆 ....200 ml

白砂糖.....................................50 g

吉利丁片 ....20 g

色拉油.......................................少许

牛奶 .... 200 ml

玉米淀粉 .... 15 g

红豆沙 .... 50 g

做法

❶ 吉利丁片剪成小段，用水泡 20 分钟。

❷ 将椰浆、牛奶、玉米淀粉倒在锅里，搅拌均匀，然后开小火。

❸ 煮到微热后加入泡软的吉利丁片，慢慢搅拌至融化，再加入白砂糖，不停搅拌，防止糊锅。

❹ 煮到即将沸腾时，关火。将液体用细筛子筛一下，将没有融化的吉利丁片筛去不要。

❺ 模具的四壁涂上无味道的色拉油,将煮好的椰汁倒入模具，入冰箱冷藏10分钟。

❻ 将成型的椰汁糕扣在盘子里，红豆沙加等量的水，调成稀的红豆沙汁，浇在椰汁糕上即可。

小贴士

1. 能使椰汁糕成型的东西除了鱼胶粉还有琼脂和吉利丁片，但是用琼脂做出来的椰汁糕口感偏脆，吉利丁片和鱼胶粉是一种东西的不同形态，但是吉利丁片使用前需要浸泡。

2. 红豆椰汁糕的做法很多，也可以将熟的红豆放入煮开的椰汁糊中，一起冷藏成型。

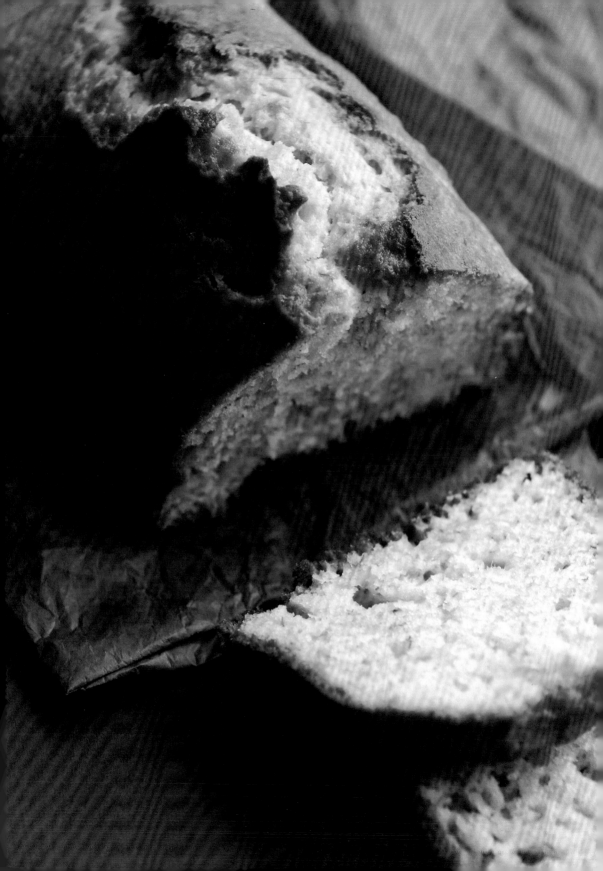

简单香蕉蛋糕

烹饪时间 (45 分钟)

原料

香蕉 ....1 根
鸡蛋 ....1 只
泡打粉 ....1 小匙
白糖 .... 40 g

低筋面粉 ....100 g
炼乳 ....2 大匙
植物油.............................40 ml

做法

❶ 将香蕉压成泥和鸡蛋、炼乳、白糖、植物油一起放入大盆，搅拌成糊状。

❷ 将低筋面粉和泡打粉过筛，与混合好的香蕉糊一起拌匀。

❸ 面糊倒入不粘的模具中，放进预热至170℃烤箱，中层，上下火烤35分钟即可。

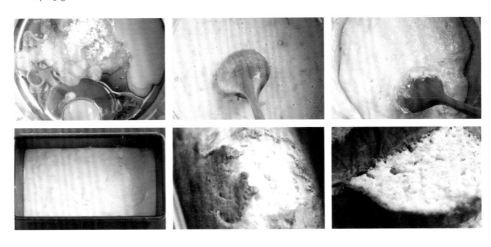

小贴士

1. 植物油选择没有味道的，比如玉米油和葵花籽油。不要用花生油和橄榄油。

2. 使用 15 cm×7.7 cm×7.7 cm 吐司模烤制。

巧克力提拉米苏

原料

马斯卡彭尼芝士 .... 250 g

白砂糖.. 80 g

手指饼干 ....12 块

浓缩咖啡 .... 30 ml

鸡蛋 ....5 个

盐 .... 1 小匙

Kahlua 咖啡酒 .... 30 ml

无糖可可粉............................. 少许

做法

❶ 取一只大盆；鸡蛋只取蛋黄，蛋白不要；将蛋黄放入盆中，加入白砂糖。

❷ 取一只窄口的小锅，倒入一些沸水，将大盆架在小锅上。用打蛋器将蛋黄和白砂糖打匀，直到蛋黄变成蓬松顺滑的状态。

❸ 将马斯卡彭尼芝士放在一个容器中，取打好的蛋黄糊一点一点加入芝士中，放入盐，顺着一个方向，用打蛋器搅打至均匀融合。

❹ Kahlua 咖啡酒和浓缩咖啡混合，将手指饼干在里面浸泡后取出，注意不要泡得太软。取一只大碗或烤盘，铺上一半的手指饼干，在上面倒上一半的蛋黄糊。

❺ 再铺上另一半的手指饼干，将剩下的蛋黄糊全部倒在最上面，铺平。

❻ 放入冰箱冷藏 5 个小时，吃的时候取出在表面洒上无糖可可粉即可。

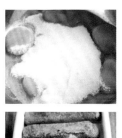

青柠杏仁瓦片

原料

蛋白 ....4 只

大杏仁片 ....60 g

低筋面粉 ....15 g

细白砂糖 ....45 g

青柠 ....半只

做法

❶ 低筋面粉过筛，和大杏仁片、细白砂糖一起在碗里混合。

❷ 用刨子将青柠的绿色皮刨成屑，加入碗中，再在碗中挤入青柠汁。

❸ 蛋白用打蛋器搅打几下，也倒入碗中，所有材料混合均匀。

❹ 烤盘铺一层烤纸，将一勺杏仁面糊浇在烤纸上，杏仁片之间要互相分开。
面糊之间要隔开一定距离。

❺ 烤箱预热至200℃，将烤盘推入烤箱，上下火烤15分钟，至颜色全部变深
即可。

❻ 将瓦片从烤纸上剥离下来，用擀面杖卷一下，卷出弧度，放凉即可。

酥烤苹果

苹果馅原料

苹果 ....2 个

肉桂粉 .... 2 小匙

深棕色砂糖（或红糖）.......... 125 g

柠檬汁（或白醋）.................. 少许

酥粒原料

普通面粉 .... 150 g

无盐黄油 .... 100 g

盐 .... 1 小匙

深棕色砂糖（或红糖）.......... 90 g

肉桂粉 .... 1/2 小匙

卡仕达酱原料

卡仕达粉（custard）............ 2 大匙

牛奶 .... 250 ml

白糖 .... 3 大匙

苹果馅做法

❶ 放一碗清水，滴入少许柠檬汁。苹果洗净，去皮、去核，切成 1 cm 长的丁，浸入加了柠檬汁的清水里备用。

❷ 不粘锅烧热，将苹果丁、深棕色砂糖、肉桂粉一起下锅，小火炒至苹果稍软，红糖融化。

酥粒做法

❶ 将室温软化的无盐黄油切小丁，和普通面粉、深棕色砂糖、盐、肉桂粉一起放入一个大容器里。

❷ 用手不断地将它们混合搓拌，直至搓拌成细碎的屑粒状。

简易卡仕达酱做法

❶ 将卡仕达粉和白糖混合均匀。

❷ 倒入部分牛奶搅拌均匀。然后将混合物倒入锅中，小火，慢慢加入剩余的牛奶，搅拌至浓稠即可。

酥烤苹果做法

取一个耐热容器，底部铺上苹果馅，上面盖上酥粒。入烤箱，中层，180 度，上下火烤 35 分钟后取出，淋上卡仕达酱即可食用。

香蕉吐司布丁

原料

淡奶油............150 ml	牛奶.................100 ml	白砂糖.............35 g
盐.....................1 小匙	吐司.....................3 片	香蕉.....................2 根
鸡蛋...................1 只	坚果碎.............2 大匙	蔓越莓干......2 大匙
香草精............1 小匙	细白砂糖...........45 g	糖粉................少许

做法

❶ 将鸡蛋磕在一个大碗中，打散，加入白砂糖、盐、香草精、牛奶、淡奶油搅拌均匀成布丁液。

❷ 取一个直径 25 cm 左右的烤碗。吐司去掉边，切成小块，铺在烤碗的底部。倒入少许布丁液浸湿吐司。

❸ 在上面放上一根切成片的香蕉，撒上一半的坚果碎和蔓越莓干，再在上面盖一层吐司块，并用布丁液淋湿。

❹ 最后再将另一根香蕉切片，和剩余的坚果碎、蔓越莓干、细白砂糖均匀地撒在最上面。烤箱预热至 200℃，将烤碗推入烤箱，上下火烤 20 分钟。

❺ 取出烤碗，用筛子筛上一层糖粉即可。

小贴士

坚果碎选择自己喜欢的，大杏仁、夏威夷果、小核桃等等，蔓越莓干也可以换成葡萄干、杏干、李子干等其他果脯。

杏仁梨子蛋糕

原料

梨......................1 个
白砂糖..................65 g
泡打粉..................2 ml
淡奶油（可选）.....80 ml

杏仁粉.................50 g
鸡蛋...................1 只
杏仁片.................20 g
白糖（可选）........5 g

无盐黄油.....65 g
低筋面粉.....25 g
糖粉...........少许

做法

❶ 梨去皮，对半切开，挖去核，然后切片；无盐黄油切小块，室温软化至手指可以轻易摁出坑来；鸡蛋打散。

❷ 容器中放入无盐黄油和白砂糖，用搅拌器搅打至蓬松出现纹路。

❸ 加入少量蛋液搅打均匀后，再加入少量蛋液搅打均匀，重复直到蛋液加完。

❹ 最后筛入杏仁粉、低筋面粉和泡打粉。从下往上搅拌均匀即可，不要打圈或过分搅拌。

❺ 取一只直径 20 cm 活底蛋糕模，底部和四周都涂上无盐黄油，用刮刀将面糊倒入模具中，表面抹平，然后放上梨子片，稍稍按压。

❻ 烤箱预热至190℃，放入蛋糕模，中层，上下火烤25分钟后取出，撒上杏仁片，再放入烤箱继续烤 10 分钟即可。

❼ 蛋糕烤好后放凉，从模具中取出，表面撒上糖粉。将淡奶油和白糖用搅拌器打成蓬松的奶油，搭配蛋糕一起吃。

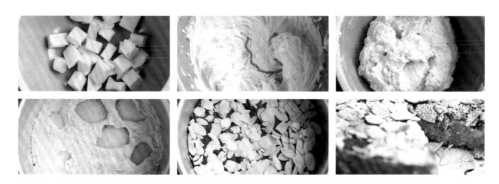

樱桃碎芝士酸奶

烹饪时间 **10** 分钟

原料

马斯卡彭尼芝士 .... 100 g

原味酸奶 .... 200 ml

白砂糖 ....1 大匙

樱桃 ....6 个

做法

❶ 樱桃去核，用勺子大致压碎；大碗中放入马斯卡彭尼芝士，倒入一盒原味
  酸奶。

❷ 加入白砂糖，用勺子朝一个方向搅拌，至到砂糖完全融化。

❸ 取一个杯子，底层铺上芝士、酸奶；上面放压碎的樱桃；最上面再盖一层
  芝士酸奶即可。

小贴士

做提拉米苏时容易剩下不少马斯卡彭尼，做成芝士酸奶就可以将它轻松
消灭。而且味道和樱桃非常搭。

炸冻汤圆

原料

速冻汤圆 .... 500 g
食用油 .... 300 ml

做法

❶ 在盘子里垫一张蒸笼垫纸,将速冻汤圆直接放入盘子,每个汤圆隔开一定距离;上蒸锅,水开后大火再蒸 5 分钟。

❷ 锅中放食用油,中火将油烧至微热。放入几颗汤圆,慢慢炸至微黄后捞出。将所有汤圆分批炸完即可。

小贴士

1. 速冻汤圆先蒸再油炸,可防止炸的过程中汤圆爆开。蒸的时候时间不要长,否则汤圆会过于软烂,不方便油炸。

2. 汤圆蒸好后如果黏在纸上,可以将纸和汤圆浸在水里就能方便的剥离。或者在盘子里涂上薄薄一层油,直接将汤圆放入盘中,再上锅蒸熟。

甜蜜饮品

Tianmi yinpin

有情饮水饱

我有位女朋友，

在情人节前夕，

精选了玫瑰、桂花、红糖、枸杞、大枣、玫瑰酵素酱等上好的原料，

熬了一种据说能滋养女人的饮品——玫瑰暖宫茶。

选了金色的玫瑰花纹，粘在手作信封上，

她说，这是要帮广大羞于表达、提笔词穷的男同胞们代写情书。

情人节当天，

男友双手捧上用金缎缠绕的玫瑰茶礼盒，

再附一封饱含爱意的手写情书，

定能让女伴在第一时间惊喜到尖叫！

多好的创意，你甚至可以想象，她的业务会开展得多红火。

事实也的确如此，我头一次真切地感知，

世上原来真有这么些男人，在试着去读懂女人。

男女之间，日常细节上的互相关爱，

特殊时刻的感恩表达，就真能甜到爱人心里面去。

夏天为他做一杯蜜橘可尔必思雪泥，冬天为她煮一壶无花果红糖饮。

或者一同品茶，回味每一次从浓烈到悠长的相守。

你能说恋人之间的为对方端上的白水浓茶，

推杯换盏间递出的美酒甘露，仅仅只是止渴之物么？

有情饮水饱的下一句，也许是无情金屋寒。

但爱情没有对错，无论怎样的选择都是对的。

愿天下有情人终成眷属。

Mojito

原料

青柠 ....1 个

薄荷叶 ....15 片

白朗姆酒 .... 80 ml

无糖苏打水.. 60 ml

糖浆 .... 30 ml

冰块 ....适量

做法

❶ 青柠对半再对半切成 8 块。

❷ 取一只玻璃杯，放入薄荷叶，用勺子大致捣碎。

❸ 将一半的青柠在杯子里挤出汁，并丢进杯中；另一半青柠直接放在杯子里。

❹ 杯子里放满冰块,倒入白朗姆酒、糖浆、无糖苏打水,再点缀几片薄荷叶即可。

小贴士

1. 以上原料是两杯的量，可以和心爱的人一起喝个痛快。

2. 如果有条件的，可以将冰块打成碎冰后使用，口感更好。

3. 没有糖浆的，可以自己熬煮。方法是水和白糖的比例 1：2，将水和糖倒入锅中，大火煮开后，改小火，用勺子慢慢搅拌，等糖水变得油亮有些黏稠后即可。

黑枣酒

原料

黑枣 .... 150 g

花雕酒 .... 500 ml

冰糖 .... 30 g

做法

❶ 黑枣用清水洗净，用厨房纸吸干表面的水。

❷ 取一只干净的容器，放入黑枣，撒入冰糖。

❸ 加花雕酒没过黑枣，密封，放在阴凉处。一周后就可以喝了。

小贴士

1. 洗黑枣如果嫌擦干麻烦，可以用便宜的料酒直接洗黑枣，这样就不用擦干可以直接泡酒了。

2. 前儿天可以多轻轻摇晃瓶子，使冰糖更好地融化。一周后可以开罐喝酒，酒越放越浓稠，酒味也更重，可以根据喜好来选择泡多久。

黑芝麻香蕉牛奶

原料

牛奶 .... 300 ml

香蕉 .... 大半根

芝麻 .... 2 小匙

蜂蜜 .... 1 大匙

做法

香蕉切小块和牛奶、芝麻一起放入搅拌机打匀，吃的时候加一大勺蜂蜜。

小贴士

香蕉最好选软烂一点的，做出来的口感更好。
喜欢喝热的，打匀后放入微波炉高火转 1 分钟，然后加入蜂蜜。

棉花糖朗姆咖啡

原料

现磨咖啡 .... 160 ml

朗姆酒 ....3 滴

棉花糖 ....1 颗

做法

在现磨咖啡中加入 3 滴朗姆酒，放上一颗棉花糖即可。

金桔桂圆茶

原料

金桔 ....8 个

带壳干桂圆...8 个

黄冰糖 ....适量

清水 ....800 ml

做法

❶ 金桔洗净，对半切开；带壳干桂圆洗净，将壳敲破。

❷ 金桔和干桂圆连壳放入锅中加入 800 ml 水，大火煮沸后，加入适量冰糖，转小火煮 8 分钟即可。

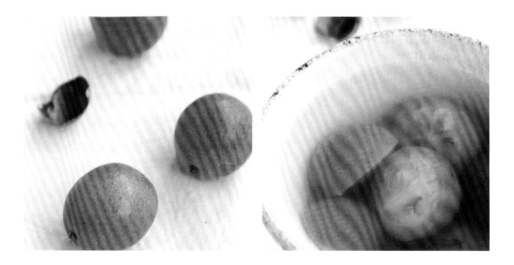

小贴士

1. 干桂圆比较燥热，如果加入壳一起煮则能不温、不燥，适合易上火的体质。如果不喜欢太多桂圆壳，可只放入一半。

2. 此为 2 人份的量。

咖啡甘露牛奶饮

原料

咖啡酒...60 ml
牛奶...200 ml
冰块...适量

做法

❶ 杯子里倒入咖啡酒，然后放满冰块。

❷ 从冰块顶上倒入牛奶即可。

小贴士

1. 以上原料是两杯的量，可以和心爱的人一起喝个痛快。
2. 如果有条件的，可以将冰块打成碎冰后使用，口感更好。

绿色舒缓果昔

原料

奇异果..2 个

毛豆...30 g

菠菜...50 g

酸奶...200 ml

苹果汁..400 ml

做法

❶ 奇异果去皮；毛豆洗净；菠菜去根洗净，切成段。

❷ 将❶同剩余的所有原料加入果汁机，打碎搅拌均匀即可。

小贴士

香甜可口，五者混合可有效补充钙质，每天 1 杯促进肠道蠕动。

蜜橘可尔必思雪泥

烹饪时间 ③ 小时

原料

蜜橘罐头（中等大小）..........................1 罐（约 500ml）

可尔必思 .... 100 ml

无糖苏打水.. 60 ml

做法

❶ 将蜜橘罐头中的蜜橘取出，切成小碎块。

❷ 取一只密封保鲜袋，放入可尔必思、切成块的蜜橘，将蜜橘罐头中的糖水也一起倒入，挤掉袋子里的空气，拉上封口，将保鲜袋平放进冰箱的冷冻室，冷冻 2 ~ 3 小时。

❸ 将冰好的密封袋取出，打开倒入无糖苏打水；用毛巾把袋子包好，用手将冰块大致捏碎。

❹ 将袋子里的雪泥用勺子盛入杯子里即可。

小贴士

1. 以上原料是两杯的量。

2. 如果没有可尔必思，可以用两罐养乐多代替。

无花果红糖饮

原料

干无花果 ....5 个

红糖 ....2 大匙

做法

❶ 干无花果洗净，取三颗压碎切开。

❷ 碎无花果和完整的无花果一齐放入碗中，加入红糖，沸水冲泡; 5 分钟后即可。

养乐多绿茶

原料

绿茶 .... 3 g

养乐多 .... 1 瓶

冰块 .... 10 块

做法

❶ 绿茶用沸水泡开，放凉；滤去茶叶，只剩茶汤。

❷ 杯中倒入绿茶和 1 整瓶养乐多，加入冰块，搅拌即可。

小贴士

1. 此为 2 人份的量。

2. 绿茶一定放凉后再加入养乐多，否则养乐多受热会变成絮状，活性乳酸菌成分也会被破坏。

图书在版编目（CIP）数据

恋人美食 / 沈知味编. -- 成都：四川科学技术出版社，2015.3
ISBN 978-7-5364-8034-6

Ⅰ. ①恋… Ⅱ. ①沈… Ⅲ. ①食谱 Ⅳ. ①TS972.12

中国版本图书馆CIP数据核字(2014)第311743号

书名：恋人美食

出 品 人：钱丹凝
编 著 者：沈知味
责 任 编 辑：杨晓黎
封 面 设 计：高　婷
版 面 设 计：高巧玲
责 任 出 版：欧晓春
出 版 发 行：四川科学技术出版社
　　　　　　地址：成都市三洞桥路12号　邮政编码 610031
　　　　　　官方微博：http://weibo.com/sckjcbs
　　　　　　官方微信公众号：sckjcbs
　　　　　　传真：028-87734039
成 品 尺 寸：170mm×230mm
印　　　张：12
字　　　数：200千
印　　　刷：北京尚唐印刷包装有限公司
版次/印次：2015年3月第1版　2015年3月第1次印刷
定　　　价：32.80元